高职高专建筑类专业"十二五"规划教材

建筑室内外手绘表现

刘 迪 主 编

王树清 刘 力 副主编

李应许 赵颖颖 石 磊 参 编

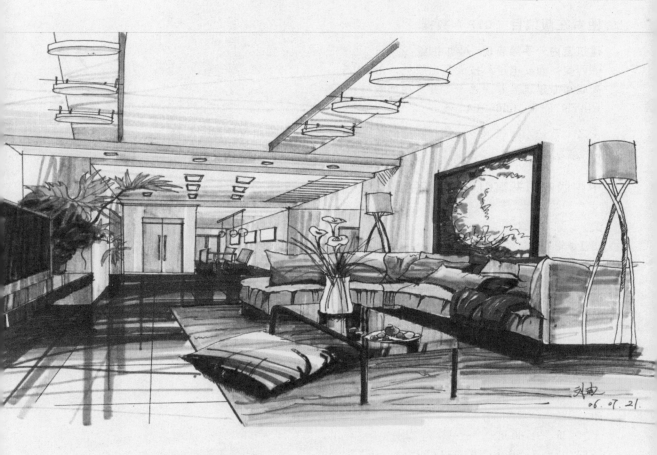

西安电子科技大学出版社

内 容 简 介

　　本书共五章。前四章分别为家居空间手绘效果图表现技法、办公空间手绘效果图表现技法、酒店空间手绘效果图表现技法和商业空间手绘效果图表现技法，配有大量优秀的手绘效果图作品；第五章为优秀学生手绘创作方案欣赏。

　　本书涉及范围广泛，内容详尽，理论与实践兼顾，理论讲解细致、严谨，条理清晰，适合作为高职高专院校建筑类相关专业的教材，也可供相关人员参考。

图书在版编目（CIP）数据

建筑室内外手绘表现/刘迪主编.
—西安：西安电子科技大学出版社，2013.5
高职高专建筑类专业"十二五"规划教材
ISBN 978-7-5606-3043-4

Ⅰ.① 建… Ⅱ.① 刘… Ⅲ.① 建筑画—绘画技法—高等职业教育—教材

Ⅳ.① TU204

中国版本图书馆CIP数据核字（2013）第065019号

策　　划　马晓娟
责任编辑　马晓娟
出版发行　西安电子科技大学出版社（西安市太白南路2号）
电　　话　(029)88242885　88201467　　　邮　编　710071
网　　址　www.xduph.com　　　　　　电子邮箱　xdupfxb001@163.com
经　　销　新华书店
印刷单位　陕西百花印刷有限责任公司分公司
版　　次　2013年5月第1版　2013年5月第1次印刷
开　　本　787毫米×1092毫米　1/16　　印　张　10.5
字　　数　246千字
印　　数　1～3000册
定　　价　31.00元

ISBN 978-7-5606-3043-4/TU

XDUP 3335001-1

****如有印装问题可调换****

本社图书封面为激光防伪覆膜，谨防盗版

前　言

　　"建筑室内外手绘表现"是建筑装饰专业、建筑设计专业和室内设计专业的一门专业课程。这门课程结合职业技术专业教学特点，渗透人文教育，并把主要任务确立为培养学生的设计审美和表现能力。学习该门课程的目的是使学生具有通过具体的图形、图画语言或手段、途径形象快速地展示和体现家居、办公、酒店、商业等不同类型建筑室内外空间环境的能力，掌握设计的方法与技巧，从而最终达到内容与形式的完美结合；让学生了解、掌握手绘表现技法，能应用适宜的绘图技法表现设计思想，表现设计方案，完成设计交流，并逐步培养学生的空间视觉审美与创造能力，使学生在艺术和技术两个层面上达到一个新的水准，并具有从事建筑装饰设计行业所必需的职业素质。

　　本书的理论讲解细致、严谨，条理清晰，语言朴实，图文并茂，并以岗位需要为出发点，培养目标明确，能保证高职教育的针对性和实用性，并保证对高职学生实践能力的培养，体现高职教育对技能型、应用型人才培养的具体要求，具有灵活多样的表现形式。本书所收录的大量精美图片资料具备较高的参考和收藏价值，保证了教材的可读性和吸引力，可提升学生的审美修养，可以帮助学生更好地掌握该课程的学习要点。

　　在本书编写过程中，作者得到了河南工业职业技术学院建筑工程系广大师生的大力支持和帮助，在此表示衷心的感谢。由于作者的学术水平有限，书中可能存在一些不足之处，敬请读者批评指正。

作　者

2013.1

作者简介

刘迪

2005年毕业于河南师范大学美术系，至今在河南工业职业技术学院从事建筑室内外手绘表现、素描、色彩、构成艺术等教学工作，并担任南阳市嘉年华装饰有限公司设计主管，已设计和承建多项装饰装修工程，在2012年指导第七届全国高职高专教育建筑设计类专业优秀毕业设计大赛中，分别荣获银奖、铜奖。

目　　录

第一章　家居空间手绘效果图表现技法

学习目标：

　　1．认识手绘表现技法在专业学习中的重要性，使学生在理论上比较全面地了解手绘表现技法的相关知识，掌握正确的学习方法。

　　2．灵活运用构图、透视、着色的技巧，绘制出客餐厅、卧室、书房、儿童房、厨房、卫生间等家居空间的表现效果。

　　3．明确手绘效果图的基本要求，初步掌握手绘渲染家居空间的具体方法，为今后的提高打下扎实的专业基础。

学习重点：

　　1．理解构图布局的技巧，掌握常用透视图的绘制方法和步骤。

　　2．掌握室内材料质感与装饰配景表现手法，充分营造室内空间气氛。

要求：

　　1．绘制时构图要完整，造型要生动。

　　2．熟练运用制图规范，布局均衡、整洁，线条流畅。

　　3．满足主要造型使用功能，注意比例关系、质感表现。

　　4．图面色调明确，色彩搭配整体、和谐。

　　5．渲染效果图的表现技法熟练、生动。

第一节　客餐厅设计

　　客餐厅是待客、交流及家人团聚的主要场所，是家装设计的重点，主要功能区域划分为家庭聚谈会客区、视听区和就餐区三大部分。其具有代表性的表现风格，有优雅、庄重的中式，有高贵、华丽的欧式，有简约、时尚的现代式，有朴素、休闲的自然式等。

一、家庭聚谈会客区

　　家庭聚谈会客区常采用沙发和茶几的组合来实现。其构图的技巧是：通过

对沙发款式的选择、色彩的搭配以及对诸如点、线、面、黑、白、灰、节奏、韵律、笔触、色彩等的挖掘，使画面达到平衡和协调，从而对室内气氛产生重要影响。

1. 幅式的选择

横式构图：有安定、平稳之感，使空间开阔舒展。

竖式构图：有高耸上升之势，使空间雄伟、挺拔。

2. 容量的确定

室内陈设太多，容量太满——画面拥挤、局促，有闭塞和压抑之感。不易表现空间感和纵深感。这时应适当减少或省去一部分物体的表现，使画面"透气"。

室内陈设太少，容量太稀——画面空旷、冷清，降低了装修档次，这时可通过增加一些绿色植物或摆设小工艺品来增加画面的容量和趣味性。

室内容量的确定与室内空间大小密切相关：空间大时，容量可适当增大；空间小时，容量可适当减小。同时它也与室内空间风格相关：古典风格中，容量较满，细节装饰较多；简约风格中，容量较稀，空间整体细节装饰少。

3. 画面视觉中心确立

构图应该有主次之分，视觉中心就是设计的重点，既有欣赏价值，又在空间上起到一定的注视和引导作用。可通过优美的造型、独特的陈设、别致的材质、对比强烈的色彩等手法来体现视觉中心。

4. 画面的均衡

画面的均衡即使视觉达到某种协调和平衡。上下视觉均衡的表现是上轻下重，前轻后重。左右视觉均衡和前后视觉均衡可通过色调的轻重、室内陈设物体积的大小来实现。

5. 画面的黑白配置

一幅好的手绘效果，画面中深色和浅色的合理搭配能构成隐含在画面审美中的黑与白的节奏感、韵律感。

6. 点、线、面的配置

点、线、面是基本的图形艺术元素。点给人以孤立、微小的感觉，重复的点可以形成一定的秩序感，并产生视觉协调的效果。线可分为曲线和直线。曲线细腻，给人以阴柔之美；直线刚劲有力，有阳刚之气。面的重叠、透叠可以产生空间变换的效果。手绘效果图中，对点、线、面的配置要求做到：点的分散与集中，线的变化与统一，面的整体与局部。

7. 外轮廓节奏体现

外轮廓节奏体现主要指画面的边缘往往采用裁剪式构图，从而使画面具有不规则的边缘，使构图形式更加活泼。如在画面的边缘处用植物收边，但植物只画局部，可表现出边缘的节奏感。

二、视听区

视听空间是客厅中最引人注目的一面墙，通常采用各种造型手段、多种装饰材料来突出个性和风格，多使用石材、木材、金属、玻璃、装饰布料、皮革等材质。对于材质的表现要熟悉材料的外部特征和色彩配置，可根据图面需要和设计本身考虑而定。所要表现的要点：一是注意观察材料在不同光线照射下，自身表面的明暗关系及投影的位置；二是应注意材料的形体结构，透视关系要准确；三是注意表面的肌理变化；四是色彩效果，不易过分追求色彩表现层次，层次过多对材料表现的效果不能起到最佳的作用。视听区常用的造型规律主要有协调律和对比律两种。

1. 协调律

本着"大协调小对比"的设计原则，协调律就是找出造型中的相互联系、相互协调，使视觉效果达到和谐、统一的规律，包括以下几个方面。

对称：是一种经典协调手法，它可以使造型彼此呼应，相映成趣，从而使视觉达到平衡、协调的效果。

重复：可使造型具有一定的秩序感、节奏感，从而使视觉达到协调的效果。

渐变：可克服重复手法较呆板的缺点，讲究一定的规律性，但也更加灵活多变。

2. 对比律

对比可以突出画面的视觉中心，从而使画面主次分明、虚实得当，使视觉产生较强的分辨力。对比包括大小对比、明暗对比、质感对比和形状对比。

三、就餐区

客厅与餐厅合并这种形式是现代家居中最常见的。设计时要注意空间的分隔技巧，放置隔断和屏风是既实用又美观的做法，也可以从吊顶、地板着手，将其形状、图案和材质分成不同的区域，还可以通过色彩和灯光来划分，注意保持空间的通透感和整体感。绘制时，掌握正确、简便的透视规律和方法至关重要。透视的绘制方法和透视类型有很多。

一点透视，也叫平行透视，它的特点是一个灭点，在画面中心区域的视平线上，两组平行线，一组相交线。这种透视表现的范围广，纵深感强，能显示空间的纵向深度，适合表现庄重、稳定、宁静的室内空间，但画面有时显得呆

板，应多用一些装饰配景、绿化植物等布置在画面中，调解气氛，强化画面疏密关系，使一点透视应用生动得体。

两点透视，也叫做成角透视，它的特点是两个灭点，分别在画面的左右两侧，一般两个灭点所处的位置距离画面中心一个稍远，另一个稍近一些为宜，只有一组平行线，两组相交线。与一点透视相比，画面效果比较自然，活泼生动，反映空间比较接近于人的真实感觉。如果角度选择不好，画面容易产生变形，选用两点透视时，可将两侧的消失点定在画面构图取景框以外，视点的位置选择距离物体远一些，这样透视变形会小些。

微角透视效果比两点透视多了一个透视面，是介于一点透视和两点透视之间的一种特殊形式，它包含了一点和两点透视的全部优点，画面自由活泼，所展示的空间大，容易表现出立体感和空间感，因此应用广泛，但难度较大，不易掌握。

其实关于透视，手绘表现在很大程度上是在用正确的感觉来画透视图，要训练出落笔就有好的空间透视感觉来构架图面。

客餐厅手绘表现效果图如图1-1～图1-20所示。

图1-1　家居空间客餐厅微角透视手绘表现图　（刘迪　作）

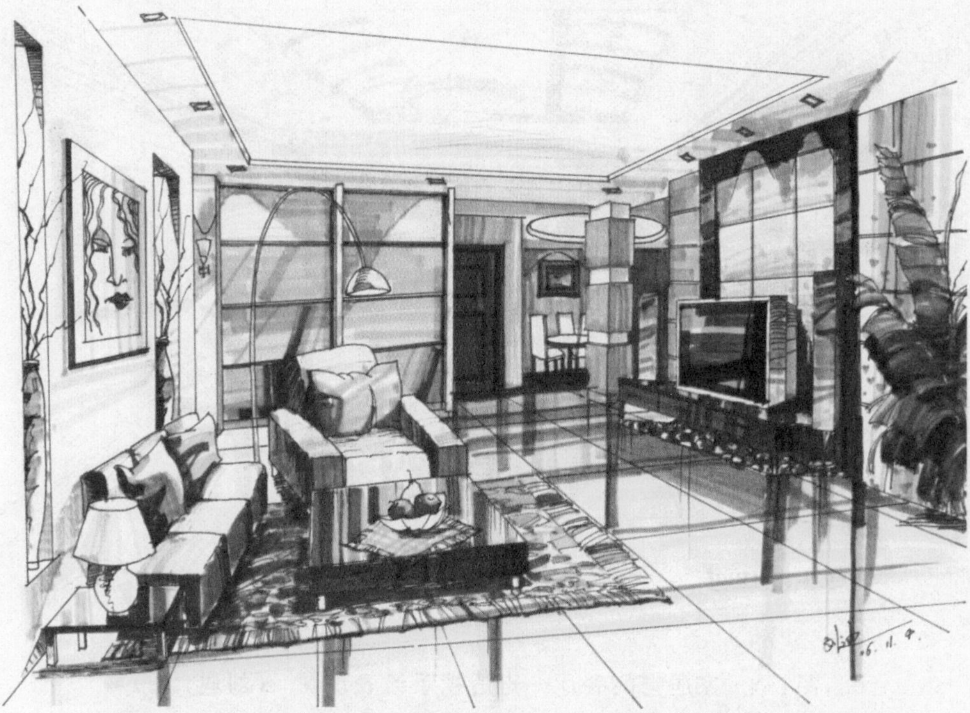

图1-2　家居空间客餐厅微角透视手绘表现图　（刘迪　作）

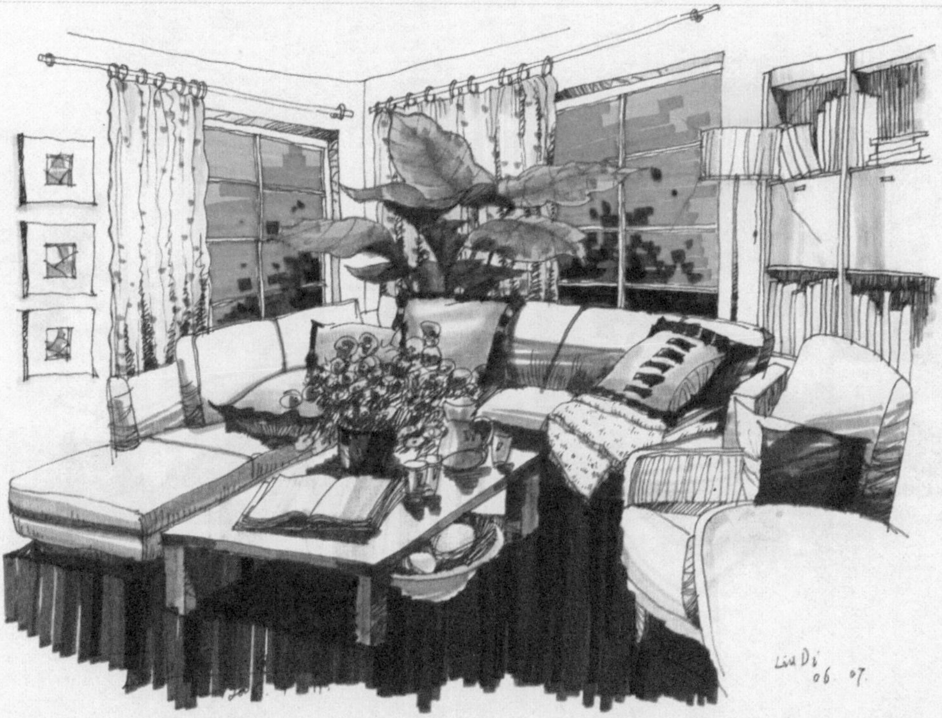

图1-3　家居空间客厅两点透视手绘表现图　（刘迪　作）

图1-4 家居空间餐厅一点透视手绘表现图 （刘迪 作）

图1-5 家居空间客餐厅微角透视手绘表现图 （刘迪 作）

图1-6　家居空间餐厅微角透视手绘表现图　（刘迪　作）

图1-7　家居空间客厅一点透视手绘表现图　（毛灿　作）

图1-8　家居空间餐厅一点透视手绘表现图　（毛灿　作）

图1-9　家居空间客厅微角透视手绘表现图　（刘夏阳　作）

图1-10　家居空间客厅微角透视手绘表现图　（刘夏阳　作）

图1-11　家居空间客餐厅微角透视手绘表现图　（李征　作）

图1-12 家居空间客厅微角透视手绘表现图 （张云云 作）

图1-13 家居空间客餐厅一点透视手绘表现图 （李琛阳 作）

图1-14　家居空间客餐厅微角透视手绘表现图　（张卓　作）

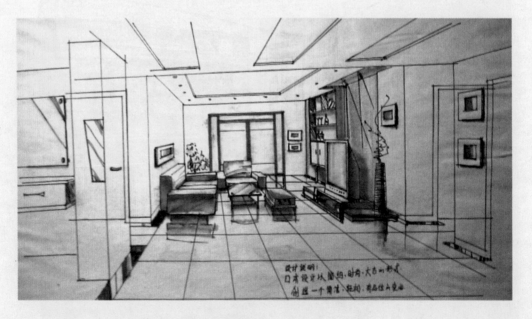

图1-15　家居空间客厅一点透视手绘表现图　（张卓　作）

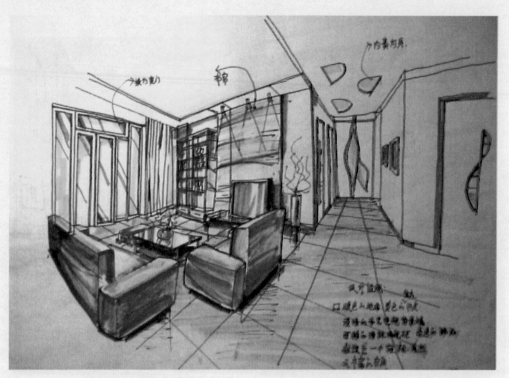

图1-16 家居空间客厅微角透视手绘表现图 （张卓 作）

图1-17 家居空间餐厅两点透视手绘表现图 （张卓 作）

图1-18 家居空间客餐厅两点透视手绘表现图 （范国辉 作）

图1-19 家居空间客厅两点透视手绘表现图 （范国辉 作）

图1-20　家居空间餐厅两点透视手绘表现图　（王树清　作）

习题

1. 绘制一幅一点透视的客厅效果图。
2. 绘制一幅两点透视的客厅效果图。
3. 绘制一幅微角透视的客厅效果图。
4. 绘制一幅一点透视的餐厅效果图。
5. 绘制一幅两点透视的餐厅效果图。
6. 绘制一幅微角透视的餐厅效果图。
7. 绘制一幅客厅与餐厅合并的效果图。

第二节　卧室设计

　　卧室是主人休息睡眠的场所，应该营造出温馨、柔和、典雅、宁静的气氛。色彩以统一、和谐、淡雅为宜，灯光以温馨的暖色为基调。

一、主卧室

　　主卧的功能区域可划分为睡眠区、梳妆阅读区、衣物储藏区，三部分应分区明确，路线顺畅，井然有序。

14

1．线条技巧

绘制的线条应流畅、生动，富有节奏感和韵律感，可快可慢、可直可曲、可疏可密、可刚可柔、可顿可挫，通过自身的变化达到作画的目的。手绘线条应该注意"一笔线"，要求一笔画线，不能重叠往复，且所绘制线条两头重、中间轻，刚劲有力。所绘制的线条要有生动的变化，如软硬表示质感、粗细代表虚实、急缓示意强弱、疏密体现层次变化等。

2．材质表现

利用材料的多元化应用、几何造型的有机融入、线条节奏和韵律的充分展现、灯光造型的立体化应用等表现手法，营造温馨柔和、独具浪漫主义情怀的卧室空间。

3．卧室照明

卧室的灯光照明以黄色为基调，可营造温暖和朦胧的气氛。卧室的中央不要悬挂太大的吊灯，以免让人在心理上产生物体会坠落的不安全感。流行的风格有宁静舒适型、豪华气派型、现代前卫型。

4．卧室家具

床和床头柜、衣柜、梳装台是主卧室的常用家具，款式应与室内整体风格相协调，以宁静、温馨和舒适为主，地面常用木地板、地毯。

5．主卧的风格

主卧的风格应与其他室内空间保持一致，选择中式风格、欧式风格、现代简约风格和自然风格等。

6．主卧的色彩

主臣的色彩搭配要协调，应以统一、和谐、淡雅为宜，比如床单、窗帘、枕套，皆使用同一色系，尽量不要用对比色，避免反差强烈使人不易入眠。对局部的色彩搭配应慎重，稳重的色调较受欢迎，如绿色系活泼而富有朝气，粉红系欢快而柔美，蓝色系清凉浪漫，灰色或茶色系灵透雅致，黄色系热情中充满温馨气氛。

二、次卧室

次卧室一般用做儿童房、青年房、老人房或客房。不同的居住者对于卧室的使用功能有着不同的设计要求。

1. 子女房

设计子女房时要在区域上做一个大体的界定，大致分出休息区、阅读区及衣物储藏区。色彩上吸引孩子是设计子女房的要点，设计时要保持相当程度的灵活性。

2. 客卧和保姆房

客卧和保姆房应该简洁、大方，房内具备完善的生活条件，即有床、衣柜及小型陈列台，但都应小型化，造型简单、色彩清爽。

3. 中老年期卧室

中老年期卧室宜素雅舒适，白色的墙壁显得素雅，房间窗帘、卧具多采用中性的暖灰色调，所用材料更追求质地品质与舒适感。

卧室手绘表现效果图如图1-21～图1-40所示。

图1-21 家居空间卧室微角透视手绘表现图 （李冰 作）

图1-22　家居空间卧室微角透视手绘表现图 （张柏宁　作）

图1-23　家居空间卧室微角透视手绘表现图 （李征　作）

图1-24　家居空间卧室微角透视手绘表现图 （李征　作）

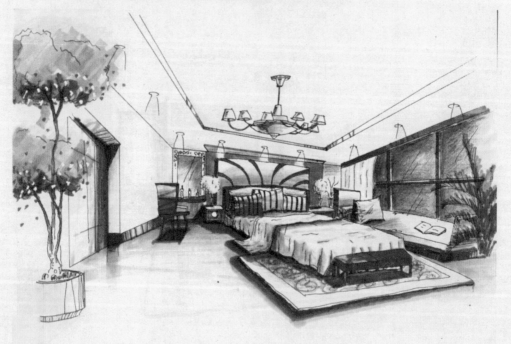

图1-25　家居空间卧室微角透视手绘表现图 （李征　作）

图1-26　家居空间卧室微角透视手绘表现图　（张柏宁　作）

图1-27　家居空间卧室微角透视手绘表现图　（王向果　作）

图1-28 家居空间卧室一点透视手绘表现图 （冯桂香 作）

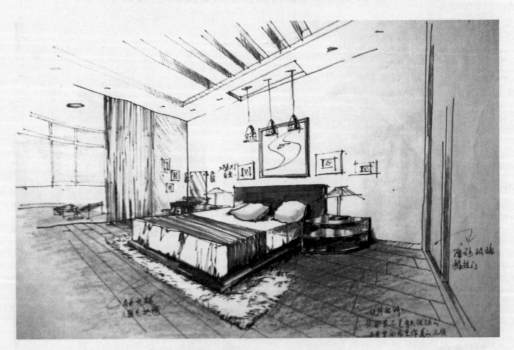

图1-29 家居空间卧室两点透视手绘表现图 （张卓 作）

图1-30　家居空间卧室一点透视手绘表现图　（李琛阳　作）

图1-31　家居空间卧室微角透视手绘表现图　（张远　作）

图1-32 家居空间卧室微角透视手绘表现图 （刘迪 作）

图1-33 家居空间卧室微角透视手绘表现图 （刘迪 作）

图1-34 家居空间卧室微角透视手绘表现图 （刘迪 作）

图1-35 家居空间卧室两点透视手绘表现图 （刘迪 作）

图1-36 家居空间卧室微角透视手绘表现图 （刘迪 作）

图1-37 家居空间卧室微角透视手绘表现图 （刘迪 作）

图1-38　家居空间卧室一点透视手绘表现图　（刘迪　作）

图1-39　家居空间卧室两点透视手绘表现图　（毛灿　作）

图1-40 家居空间卧室一点透视手绘表现图 （刘夏阳 作）

习题

1. 绘制一幅卧室一点透视手绘表现效果图。
2. 绘制一幅卧室两点透视手绘表现效果图。
3. 绘制一幅卧室微角透视手绘表现效果图。

第三节 儿童房设计

儿童房可分为学习娱乐区、睡眠区和储物区。地面一般用木地板和装饰地毯，墙面用软包，以免磕碰，或用墙纸增加童趣。家具处理成圆角，睡眠区可采用榻榻米加席梦思床垫，安全舒适。学习区可设计书柜、书桌和计算机桌。对于非学龄儿童，可设计玩耍空间，利用储物区放置大量玩具。

一、幼儿期

根据儿童特点，房间内可多设计一些放玩具的格架，地面多采取木地板、地毯等材质，可满足小孩在上面摸爬的需要。房间的颜色可较大胆，如采用对比强烈、鲜艳的颜色，可充分满足儿童的好奇心与想象力。本阶段安全是不可忽视的重要因素。

1. 充足的照明

合适且充足的照明，能让房间温暖、有安全感，有助于消除孩童独处时的恐惧感。

2. 柔软、自然的素材

设计巧妙的儿童房，应该考虑到孩子们可随时重新调整摆设，空间属性应是多功能且具多变性的。家具不妨选择易移动、组合性高的，方便他们随时重新调整空间。家具的颜色、图案或小摆设的变化，有助于增加孩子想象的空间。由于儿童的活动力强，所以在儿童房空间的选材上，宜以柔软、自然素材为佳，如地毯、原木、壁布或塑料等。这些耐用、容易修复、非高价的材料，可营造舒适、安全的睡卧环境。

3. 明亮、活泼的色调

儿童房的居室或家具色调，最好以明亮、轻松、愉悦为选择方向，色泽上不妨多点对比色。

4. 安全性

安全性是儿童房设计时需考虑的重点之一。小朋友正处于活泼好动、好奇心强的阶段，容易发生意外，在设计时，需处处费心，如在窗户上设护栏，家具应尽量避免棱角的出现，采用圆弧收边等。材料也应采用无毒的安全建材为佳。家具、建材应挑选耐用的、承受破坏力强的、使用率高的。

5. 展示空间

学龄前儿童喜欢在墙面随意涂鸦，可以在其活动区域，如墙面上挂一块白板，让孩子有一处可随性涂鸦、自由张贴的天地。这样既不会破坏整体空间，又能激发孩子的创造力，既满足了孩子的成就感，又达到了趣味展示。

二、青年期

可根据年龄、性别的不同，突出个性，在满足房间基本功能的基础上，留下更多更大的空间，将自己喜爱的任何装饰物随自我喜好任意摆放，充分享受自由。另外，这一年龄的人与幼儿期相比最大的不同，就是他们需要一个更为专业与固定的学习平台——书桌与书架，既可利用它满足学习的需要，又可利用它保存个人的小秘密，以功能性为主，如读书天地、电脑乐园等，尽量为他们留有发挥自己想象的空间。由于这时孩子的房间里多了一些电器，因此要在书架上、窗台上摆上一两簇花草，调节屋内空气。

儿童房手绘表现效果图如图1-41～图1-55所示。

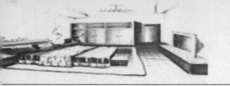

图1-41　家居空间儿童房两点透视手绘表现图 （刘迪　作）

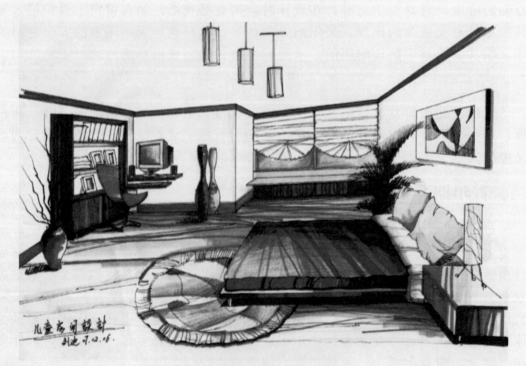

图1-42　家居空间儿童房微角透视手绘表现图 （刘迪　作）

图1-43 家居空间儿童房一点透视手绘表现图 （刘迪 作）

图1-44 家居空间儿童房微角透视手绘表现图 （刘迪 作）

图1-45 家居空间儿童房一点透视手绘表现图 （李征 作）

图1-46 家居空间儿童房两点透视手绘表现图 （李征 作）

图1-47 家居空间儿童房一点透视手绘表现图 （张柏宁 作）

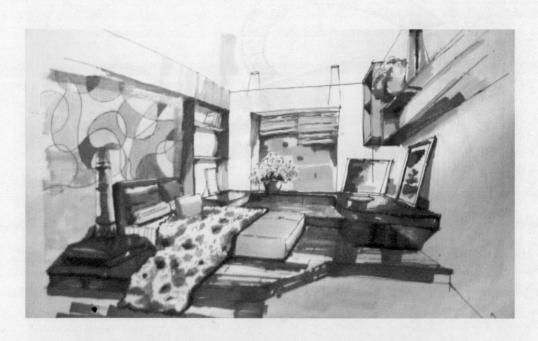

图1-48 家居空间儿童房微角透视手绘表现图 （张柏宁 作）

图1-49　家居空间儿童房一点透视手绘表现图　（王丽芳　作）

图1-50　家居空间儿童房两点透视手绘表现图　（王丽芳　作）

图1-51　家居空间儿童房两点透视手绘表现图　（李满姣　作）

图1-52　家居空间儿童房微角透视手绘表现图　（徐彩燕　作）

图1-53 家居空间儿童房两点透视手绘表现图 （张卓 作）

图1-54 家居空间儿童房一点透视手绘表现图 （秦腊梅 作）

图1-55　家居空间儿童房一点透视手绘表现图 （毛灿　作）

习题

1. 绘制一幅幼儿期儿童房一点透视手绘表现效果图。
2. 绘制一幅幼儿期儿童房两点透视手绘表现效果图。
3. 绘制一幅幼儿期儿童房微角透视手绘表现效果图。
4. 绘制一幅青年期儿童房一点透视手绘表现效果图。
5. 绘制一幅青年期儿童房两点透视手绘表现效果图。
6. 绘制一幅青年期儿童房微角透视手绘表现效果图。

第四节　书房设计

书房又称家庭工作室，是作为阅读、书写以及业余学习、研究、工作的空间。书房的功能区域主要有收藏区、读书区、休息区。设计时应以"明"、"静"、"雅"、"序"为原则。

一、收藏区

收藏区由书房内的储物柜造型组成，是整个室内空间装饰效果的核心部分，可以按以下形式美感的法则来进行设计。

1．对称

对称指沿中轴线两侧的形象相同或相近，可以制造出稳重、庄重、均衡、协调的效果。

2．重复

重复指相同或相似的形象连续反复出现，可以使形象更加和谐、统一，表现出节奏美和韵律美。

3．均衡

均衡是使形象在视觉上达到平衡、协调效果的设计手法，可以通过物体形、色、质的合理分配来实现，使形象更加稳定、和谐。

4．对比

对比是使形象之间产生明显差异的设计手法，可以通过大小、凹凸、方圆、曲直、深浅、软硬等形式表现出来，使主体形象更加突出。

5．呼应

呼应是使形象之间产生某种联系或协调关系的设计手法，可以分为形的呼应和色的呼应。呼应可以强化主体形象，加强形象之间联系，使形象更加整体、协调。

6．渐变

渐变是形象按照一定的规律逐渐变化的设计手法，可以分为形状渐变、方向渐变、位置渐变、色彩渐变等。渐变可增强形象的秩序感和节奏感，打破呆板的构图形式。

7．解构

解构是运用创新的设计理念来分解和重组形体，创造新形象的设计手法，可以打破传统的均衡构图形式，使形象更加奇特、新颖，充满活力。

8．仿生

仿生是仿造自然界中的动植物形象，创造出新形象的设计手法，可以满足人们回归自然的心理需求，增强形象的生动感和趣味感。

二、读书区

读书区可布置成单边形、双边形、L形。单边形是将书桌与书柜相连，放在同一面墙上，节约空间。双边形是将书桌与书柜放在互相平行的两条直线上，中间以座椅来分隔，方便取阅，提高工作效率。L形是将书桌与书柜成90度交叉布置，较为理想，既节约空间又便于查阅书籍。书写区、查阅区、储存区等要分别存放，使书房分区明确，路线顺畅，井然有序，可提高工作的效率。

三、休息区

书房的休息区可布置沙发和茶几造型，色彩既不要过于耀目，又不宜过于昏暗，应取柔和色调进行装饰。书房对于照明和采光的要求很高，便于主人阅读和查找书籍。若是在座椅、沙发上阅读，最好采用可调节方向和高度的落地灯。书房可采用吸音石膏板吊顶，墙壁可采用PVC吸音板或软包装饰布等装饰，地面可采用吸音效果佳的地毯，窗帘要选择较厚的材料，以阻隔窗外的噪音。要把情趣充分融入书房的装饰中，几件艺术收藏品，几幅绘画或照片，几幅墨宝，或在书房内养植两盆植物，则赏心悦目，还可以为书房增添几分淡雅。

书房手绘表现效果图如图1-56～图1-65所示。

图1-56　家居空间书房微角透视手绘表现图　（张卓　作）

图1-57　家居空间书房一点透视手绘表现图　（刘迪　作）

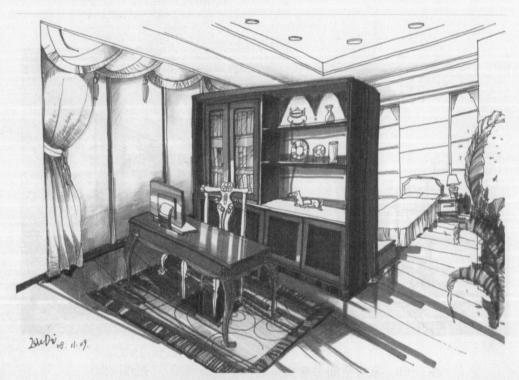

图1-58　家居空间书房两点透视手绘表现图　（刘迪　作）

图1-59　家居空间书房两点透视手绘表现图　（刘迪　作）

图1-60　家居空间书房微角透视手绘表现图　（张云云　作）

图1-61 家居空间书房微角透视手绘表现图 （张柏宁 作）

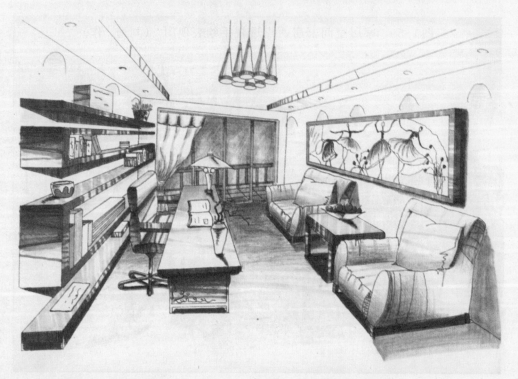

图1-62 家居空间书房微角透视手绘表现图 （李征 作）

图1-63　家居空间书房一点透视手绘表现图　（毛灿　作）

图1-64　家居空间书房两点透视手绘表现图　（毛灿　作）

图1-65　家居空间书房一点透视手绘表现图　（任曼曼　作）

习题

1. 绘制一幅一点透视的书房手绘表现效果图。
2. 绘制一幅两点透视的书房手绘表现效果图。
3. 绘制一幅微角透视的书房手绘表现效果图。

第五节　厨房设计

　　厨房设计原则是减轻烹饪时的疲劳感，营造舒适的备餐环境；厨房内的家具布置要舒适有序，科学合理；将橱柜、厨具和各种厨用家电按其形状、尺寸及使用要求进行合理布局，巧妙搭配，实现厨房用具一体化。

一、厨房的功能布局

　　厨房设计的最基本概念是"三角型工作空间"，所以洗菜池、冰箱及灶台都要安放在适当位置，最理想的是呈三角形，相隔的距离最好不超过一米。

　　1. 一字型

　　一字型指把所有的工作区都安排在一面墙上，通常在空间不大、走廊狭窄情况下采用。所有工作都在一条直线上完成，节省空间。

2．L型

L型即将清洗、配膳与烹调三大工作中心依次配置于相互连接的L型墙壁空间。最好不要将L型的一面设计过长，以免降低工作效率。这种空间运用比较普遍、经济。

3．U型

U型的工作区共有两处转角，空间要求较大。水槽最好放在U型底部，并将配膳区和烹饪区分设两旁，使水槽、冰箱和炊具连成一个正三角形。

4．走廊型

走廊型将工作区安排在两边平行线上。在工作中心分配上，常将清洁区和配膳区安排在一起，而烹调独居一处。如有足够空间，餐桌可安排在房间尾部。

5．变化型

变化型根据四种基本形态演变而成，可依空间及个人喜好有所创新。在适当的地方增加了台面设计，灵活运用于早餐、烫衣服、插花、调酒等。

二、厨房的色彩

厨房家具色彩的色相要求能够表现出干净、刺激食欲和能够使人愉悦的特征。通常，能够表现出干净的色相主要有灰度较小、明度较高的色彩，如白、乳白、淡黄等，而能够刺激食欲的色彩主要是与好吃食品较接近，或在日常生活中能够强烈刺激食欲的色彩，如橙红、橙黄、棕褐等。能够使人愉悦的色彩，只要弄清厨房的主要操作对象就可以确定相关的色彩。厨房内所有表面装饰材料都应具有防火、抗热、防水、耐擦洗、易清洁的功效。

厨房手绘表现效果图如图1-66～图1-79所示。

图1-66 家居空间厨房一点透视手绘表现图 （李征 作）

图1-67　家居空间厨房两点透视手绘表现图 （刘迪　作）

图1-68　家居空间厨房一点透视手绘表现图 （王向果　作）

44

图1-69　家居空间厨房一点透视手绘表现图　（豆娜　作）

图1-70　家居空间厨房两点透视手绘表现图　（邓运磊　作）

图1-71 家居空间厨房一点透视手绘表现图 （张亚茹 作）

图1-72 家居空间厨房两点透视手绘表现图 （李伊莎 作）

图1-73　家居空间厨房一点透视手绘表现图　（平永遵　作）

图1-74　家居空间厨房一点透视手绘表现图　（钟兰婷　作）

图1-75　家居空间厨房一点透视手绘表现图　（张柏宁　作）

图1-76　家居空间厨房两点透视手绘表现图　（张柏宁　作）

图1-77　家居空间厨房一点透视手绘表现图　（吴梦月　作）

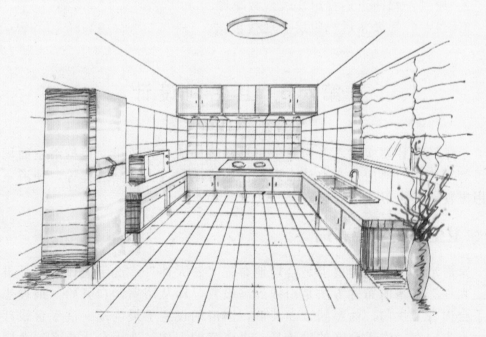

图1-78　家居空间厨房一点透视手绘表现图（贾云飞　作）

图1-79　家居空间厨房一点透视手绘表现图　（唐千惠　作）

习题

1．绘制一幅一点透视厨房表现效果图。

2．绘制一幅两点透视厨房表现效果图。

3．绘制一幅微角透视厨房表现效果图。

第六节　卫生间设计

　　卫生间设计要实用，考虑卫生用具和装饰的整体效果。根据浴室面积的大小可奢可俭，一般应注意整体布局、色彩搭配、卫生洁具选择等，使浴室达到使用方便、安全舒适的效果。

一、卫生间的功能布局

　　家居浴室最基本的要求是合理地布置"三大件"：洗手盆、座厕、淋间。"三大件"基本的布置方法是由低到高设置。即从浴室门口开始，最理想的是洗手台向着卫生门，而座厕紧靠其侧，淋浴间设置于最内端。洗手台设计依浴室大小来定夺，洗手台区的设计是一个浴室的主体。洗手台大小必须考虑留足

出入的活动空间，洗手盆可选择面盆或底盆。镜子的设计愈大愈好，因为它可扩大视觉效果，一般设计为与洗手台同宽即可。座厕美观、舒适、实用的趋势日渐流行。淋浴间一是把卫生间用玻璃或浴帘间隔起来作一个大浴间，二是到市面订造整体淋浴间，可根据洗手间面积去选购。

　　具备了以上的三大件后，家居浴室还要考虑如何巧妙地安排好储物空间。在洗手台周边可大做文章，如台边有毛巾圈、纸巾架等；洗手台下做柜子，可有效地储放大量清洁卫生间的用品；洗手台侧面的墙体可凹进去造储藏柜；或利用镜子作镜柜，放置日常的卫生用品或女士的化妆品等。应尽量避免把用品堆放在洗手台面上。

二、卫生间的色调

　　经过长期的实践，在家庭装修中用黑色、深绿色、深蓝色比较容易使人感到脏，所以一定要配合白色使用。浴室墙壁和地板的材料可以是地砖或者马赛克，在视觉上占有重要地位，颜色处理得当，有助于装饰的效果。一般以接近透明液体的颜色为佳，可以有一些淡的花纹，如白色、浅绿色、玫瑰色等。有时也可以将卫生洁具作为主色调，与墙面、地面形成对比，使浴室呈现出立体感。

　　卫生间手绘表现效果图如图1-80～图1-90所示。

图1-80　卫生间两点透视手绘表现图　（李征　作）

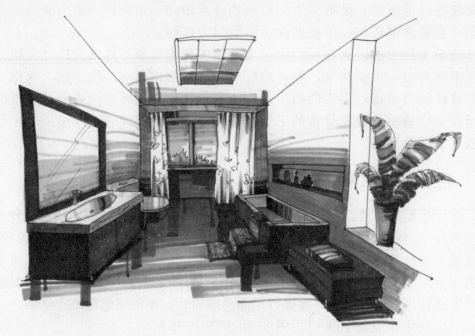

图1-81 卫生间一点透视手绘表现图 （刘迪 作）

图1-82 卫生间两点透视手绘表现图 （刘迪 作）

图1-83　卫生间一点透视手绘表现图　（刘迪　作）

图1-84　卫生间微角透视手绘表现图　（王向果　作）

图1-85 卫生间微角透视手绘表现图 （张柏宁 作）

图1-86 卫生间一点透视手绘表现图 （豆娜 作）

图1-87 卫生间微角透视手绘表现图 （张川可 作）

图1-88 卫生间一点透视手绘表现图 （张亚茹 作）

图1-89　卫生间两透视手绘表现图　（邓运磊　作）

图1-90　卫生间一点透视手绘表现图　（贾去飞　作）

习题

1. 绘制一幅一点透视卫生间表现效果图。
2. 绘制一幅两点透视卫生间表现效果图。
3. 绘制一幅微角透视卫生间表现效果图。

第二章 办公空间手绘效果图表现技法

学习目标：

1. 围绕必须掌握的知识点，结合具体工具，并在技法的表现技巧上，完成办公空间手绘设计效果，从而拓展学生的知识面，提高精湛的手绘表现能力。

2. 通过对办公空间功能的学习，使学生比较全面地认识了解办公空间手绘效果图的相关知识，培养空间思维能力，掌握作为设计人员必须具备的关键技能，以便服务于专业。

3. 明确办公空间手绘效果图绘制的基本要求，了解各种不同风格的办公空间的形成，为今后的提高打下扎实的专业基础。

学习重点：

1. 熟悉不同类型工具及表现技法绘制办公空间的效果。
2. 把握和创造不同风格的办公空间室内表现形式。

要求：

1. 画面布局合理，能满足主要使用功能。
2. 画面比例应用恰当，制图规范，布置均衡。
3. 画面整洁，线条流畅。
4. 多分析画面整体创作构思与创意安排。
5. 通过线条和色彩等要素把室内办公空间环境气氛绘制出来。
6. 把握真实性、科学性、艺术性的原则，完美地表现室内空间环境的美感。

第一节 经理办公室设计

作为经理级工作人员，对外要收集本行业的各类信息，商谈事务，搞好与外界和各级主管部门的联系；对内要及时掌握本部门各项工作进程和员工的情况，下达各项任务，及时处理好各项文档，完成各项管理工作。经理办公室实

质上是本部门的信息收集、分析处理中心，这一中心必须具有高速通信设备和高性能的自动化办公设备。

一、经理办公室的类型特点

1. 稳重凝练型

老牌的大型外贸集团公司喜欢选择这种风格的装修，让客户和生意伙伴建立信心。从装饰特点上来看，较少选择大的色差，造型上比较保守，方方正正，选材考究，强调气质的高贵和尊荣。

2. 现代型

现代型普遍适用于中小企业，造型流畅，大量运用线条，喜欢用植物装点各个角落，通过光和影的应用效果，在较小的空间内制造变化，在线条和光影变幻之间找到对心灵的冲击。

3. 新新人类型

这种类型不拘一格，大量使用几何图案作为设计元素，明暗对比强烈，大量使用新式装修材料，适用于新兴的电脑资讯业、媒体行业。在强烈的装修效果中，新产品的特征和公司创新科技的氛围一览无余。

4. 创意型

创意型适合艺术、工艺品、品牌公司。造型简洁，用料简单，强调原创的特征，尽量不重复，在造型上具有唯一性。

5. 简洁型

简洁型简单进行装修和装饰，强调实用性，较少凸显个性，一般适用于小型公司和办事处。

二、经理办公室的功能布局

1. 采光

总经理办公室如果两侧都有玻璃窗，应将窗外景色不佳的一面窗子用百叶窗帘拉上。如果办公室一面有窗，则室内的布置、墙壁或沙发、书架等宜用暖色调的，或红颜色多一些的。

2. 布局格调

办公室的布局与家居不同，应体现主人的权威性、企业的文化，以利于决策的贯彻执行与占据商业谈判的有利之势，要体现总经理的气质与品格。沙发、挂画、装饰品要选有气势的，让外来客人仰视而不可俯视。

3. 总经理的位子朝向

采光强的办公室,总经理的位子应离窗户远一些,采光弱的办公室,应离窗户近一些;座位不宜正对着入室之门,也不可背对着门;大小应根据室内空间的大小,与总经理本人身量的大小而定,要比例和谐。应突出主人地位,防止反客为主。室内的一切装饰、设施,包括一个花盆、一个挂件都要体现为我所用的原则。沙发的摆放应围成一个U字型,型口朝着总经理,形成一个向心力与凝聚力。

4. 相对封闭

一般是一人一间单独的办公室,有不少企业都将高层领导的办公室安排在办公大楼的最高层或平面结构最深处,目的就是创造一个安静、安全、少受打扰的环境。

5. 相对宽敞

除了考虑使用面积略大之外,一般采用较矮的办公家具设计,目的是为了扩大视觉空间,因为过于拥挤的环境束缚人的思维,会带来心理上的焦虑等问题。

6. 方便工作

一般要把接待室、会议室、秘书办公室等安排在靠近决策层人员办公室的位置,有不少企业的经理办公室都建成套间,外间就安排接待室或秘书办公室。

7. 特色鲜明

企业领导的办公室要反映企业形象,具有企业特色,例如墙面色彩采用企业标准色、办公桌上摆放国旗和企业旗帜以及企业标志、墙角安置企业吉祥物等。另外,办公室设计布置要追求高雅而非豪华,切勿给人留下俗气的印象。

经理办公室手绘表现效果图如图2-1～图2-8所示。

图2-1　办公空间经理办公室微角透视手绘表现图　(徐彩燕　作)

图2-2 办公空间经理办公室两点透视手绘表现图 （张柏宁 作）

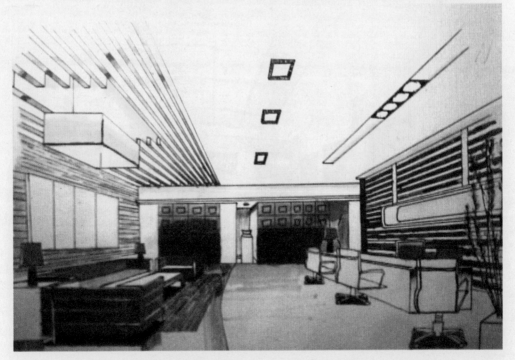

图2-3 办公空间经理办公室一点透视手绘表现图 （豆娜 作）

图2-4 办公空间经理办公室微角透视手绘表现图 （刘迪 作）

图2-5 办公空间经理办公室一点透视手绘表现图 （刘迪 作）

图2-6　办公空间经理办公室微角透视手绘表现图　（刘迪　作）

图2-7　办公空间经理办公室一点透视手绘表现图　（张亚茹　作）

图2-8　办公空间经理办公室微角透视手绘表现图　（张远　作）

习题

1. 绘制一幅一点透视经理办公室表现效果图。
2. 绘制一幅两点透视经理办公室表现效果图。
3. 绘制一幅微角透视经理办公室表现效果图。

第二节　开敞办公室设计

　　开敞办公室强调功能和空间的利用，必须让空间发挥最大的利用率，讲求空间的流畅和现代气息。应根据职业的特征来选择办公室设计风格，在职业的共性之外，突出个性、公司标志、标准色的搭配，将公司的产品、服务和服务对象考虑进每一个细节。

一、开敞办公室的类型特点

1. 色彩配搭

　　设计时可根据企业形象特征的装饰符号来点缀空间，从而充分展示空间内涵，要做到让公司的整体形象在客户心目中挥之不去。将标准色大块涂在墙面

的做法已经被摒弃，要将标准色巧妙地融化在办公室的整体氛围之中。

2. 办公家具

在开敞办公室设计上，应体现方便、舒适、明快、简洁的特点，办公空间室内设计需要考虑多方面的问题，涉及科学、技术、人文、艺术等诸多因素。应显出严谨、沉稳的特点，不宜过多使用材料，要符合实用的要求，色彩与整体环境统一，布置时要结合空间形状，人流线路等。

3. 人性化

舒适、方便、卫生、安全、高效的工作环境是办公空间设计的最大目标。

4. 绿色化

办公空间的绿色化涉及对自然的尊重和对人体健康的关注。也可以在空间内引入自然元素，室内自然景观可以缓解工作压力，获得理想视觉景观的作用。

5. 智能化

智能型办公环境是现代社会、现代企事业单位共同追求的目标，也是办公空间发展的方向。

二、开敞办公室的功能布局

对于一般管理人员和行政人员，许多现代化的企业常要用大办公室、集中办公的方式，办公室设计其目的是增加沟通、节省空间、便于监督、提高效率。这种大办公室的缺点是相互干扰较大，为此：一是按部门或小部门分区，同一部门的人员一般集中在一个区域；二是采用低隔断，为的是给每一名员工创造相对封闭和独立的工作空间，减少相互间的干扰；三是设置专门的接待区和休息区，不致因为一位客户的来访而打扰了其他人的安静工作。

办公室设计有三个层次的目标，第一层次是经济实用，一方面要满足实用要求，给办公人员的工作带来方便，另一方面要尽量低费用，追求最佳的功能费用比；第二层次是美观大方，能够充分满足人的生理和心理需要，创造出一个赏心悦目的良好工作环境；第三层次是独具品味，办公室是企业文化的物质载体，要努力体现企业物质文化和精神文化，反映企业的特色和形象，对置身其中的工作人员产生积极的、和谐的影响。这三个层次的目标虽然由低到高、由易到难，但它们不是孤立的，而是有着紧密的内在联系，出色的办公室设计应该努力同时实现这三个目标。

开敞办公室手绘表现效果图如图2-9～图2-18所示。

图2-9 办公空间开敞办公室一点透视手绘表现图 （刘迪 作）

图2-10 办公空间开敞办公室两点透视手绘表现图 （刘迪 作）

图2-11　办公空间开敞办公室微角透视手绘表现图　（刘迪　作）

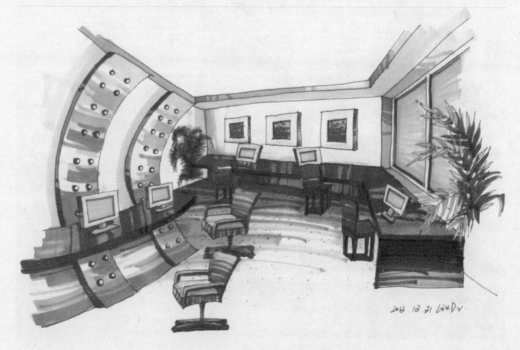

图2-12　办公空间开敞办公室微角透视手绘表现图　（刘迪　作）

图2-13 办公空间开敞办公室一点透视手绘表现图 （刘迪 作）

图2-14 办公空间开敞办公室微角透视手绘表现图 （焦平平 作）

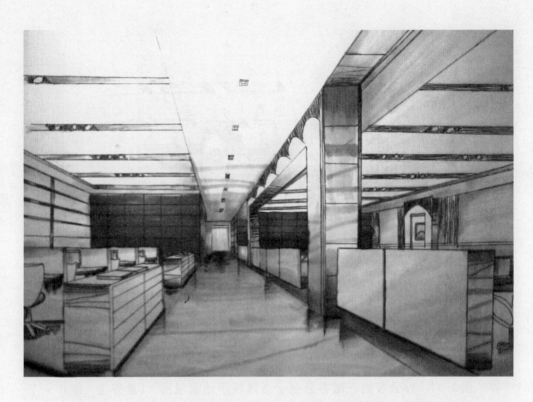

图2-15 办公空间开敞办公室一点透视手绘表现图 （豆娜 作）

图2-16 办公空间开敞办公室一点透视手绘表现图 （张卓 作）

图2-17　办公空间开敞办公室一点透视手绘表现图　（董齐飞　作）

图2-18　办公空间两点透视开敞办公室手绘表现图　（张亚茹　作）

习题
1. 绘制一幅一点透视开敞办公室表现效果图。
2. 绘制一幅两点透视开敞办公室表现效果图。
3. 绘制一幅微角透视开敞办公室表现效果图。

第三节　会议室设计

会议室也是企业的整体形象的体现，一个完整、统一而美观的办公区形象，能增加客户的信任感,同时也能给员工以心理上的满足，所以是不容忽视的。会议室的环境布置，对置身其中的工作人员有一定的影响，并会在某种程度上直接影响企业决策、管理的效果和工作效率。

一、会议室的类型特点

会议室是企业必不可少的办公配套用房，一般分为大、中、小不同类型，有的企业中、小会议室有多间。大的会议室常采用教室或报告厅式布局，座位分主席台和听众席；中、小会议室常采用圆桌或长条桌式布局，与会人员围座，利于开展讨论。

1. 按空间尺度分

小会议室规模一般在十几人以下，空间较小；大、中型会议室规模一般在十几人至百人之间。

2. 按空间类型分

封闭型会议室具有很强的领域感、安全感和私密性；非封闭型会议室具有极大的灵活性。

3. 按功能不同分

普通会议室主要满足会议的要求；多功能会议室除满足会议功能外，兼作其他空间使用。

二、会议室的功能布局

会议室的布置以简洁、实用、美观为主，会议布置的中心是会议桌，其形状为方形、圆形、矩形、半圆形、三角形、梯形、菱形、六角形、八角形、L形、U形和S形等。会议室家具布置时应考虑必要的活动空间和交往通行尺

度。布置时，应有主、次之分，可以采用企业标准色装修墙面，或在里面悬挂企业旗帜，或在讲台、会议桌上摆放企业标志（物），以突出本企业特点。

1. 教室型

这种布置与学校教室一样，椅子前面有桌子，方便与会者作记录。桌与桌之间前后距离要大些，要给与会者留有座位空间。这种布置也要求中间留有走道，每一排的长度取决于会议室的大小及出席会议的人数。

2. 主席台U形

很多小型的会议倾向于面对面的布置和安排，"U"形是较常见的，即将与会者的桌子与主席台桌子垂直相连在两旁。如果只有外侧能安排座位，桌子的宽度可以窄些；如果两旁能安排座位，就应考虑提供更大的空间来呈放材料。

3. 主席台方框形和圆形

将主席台与与会者桌子连接在一起，形成方形或圆形，中间留有空隙，椅子只安排在桌子外侧。这种布置通常用于规格较高、与会者身份都重要的国际会议及讨论会等形式。这种会议人数一般不会很多，而且会议不具有谈判性质。

4. 讨论会型

用两张长桌并列成长方形讨论的形式，一般有方形、圆形和椭圆形几种，多用于讨论会，也可用于宴会等。桌上一般要求有台布，椅子与台布的颜色接近。

会议室手绘表现效果图如图2-19～图2-28所示。

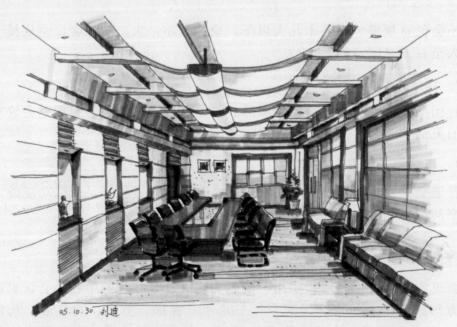

图2-19 办公空间会议室一点透视手绘表现图 （刘迪 作）

图2-20 办公空间会议室一点透视手绘表现图 （刘迪 作）

图2-21 办公空间会议室微角透视手绘表现图 （曹瑞 作）

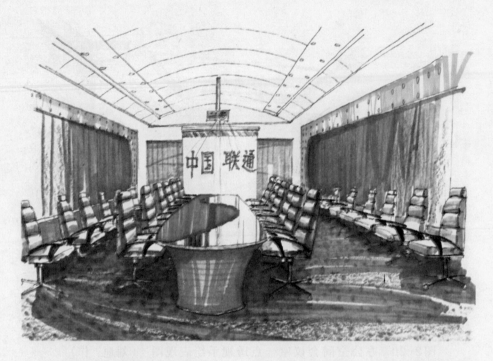

图2-22 办公空间会议室一点透视手绘表现图 （张卓 作）

图2-23 办公空间会议室微角透视手绘表现图 （张柏宁 作）

图2-24 办公空间会议室一点透视手绘表现图 （唐千惠 作）

图2-25 办公空间会议室微角透视手绘表现图 （豆娜 作）

图2-26 办公空间会议室两点透视手绘表现图 （郑东升 作）

图2-27 办公空间会议室一点透视手绘表现图 （秦腊梅 作）

图2-28　办公空间会议室一点透视手绘表现图　（张亚茹　作）

习题

1. 绘制一幅一点透视的会议室表现效果图。
2. 绘制一幅两点透视的会议室表现效果图。
3. 绘制一幅微角透视的会议室表现效果图。

第四节　多功能厅设计

一、多功能厅的类型特点

在各个单位建设时，往往将会议厅改成多功能厅，兼顾报告厅、学术讨论厅、培训教室，以及视频会议厅、舞厅等。多功能厅经过合理的布置，并按所需增添各种功能，增设相应的设备和采取相应的技术措施，就能够达到多种功能的使用目的，也提高了经济效益，广受欢迎。

二、多功能厅的功能布局

1. 多功能厅堂的大小及几何形状

厅堂大小及几何形状对建筑声环境的影响十分明显，在工程实践中，多功

能厅要取得好的效果，首先要求厅堂的几何形状呈矩形、扇形等，不宜呈钟形，要杜绝圆形。一些设计别出心裁，强调造型、布局等，把多功能厅规划成圆形或多边形，墙面若不加声学处理极易产生声聚焦，严重影响声场分布，破坏听觉效果。另外，钟形、圆形等不规则形状不利于舞台、音箱等的布置。当然，除非仅作开会之用，则桌子、座位可作弧形布置，但各侧墙仍应避免作圆弧形设计。

2. 多功能厅堂的高度

多功能厅堂的高度随厅堂面积大小变动，是一个较灵活的指标，其最低限度是：100平方米左右不低于3米，200平方米左右不低于3.5米，300平方米左右不低于4米，超过400平方米不低于4.5米；对于梁底，高度可降低0.5米左右。至于高度的上限，在现在条件下一般是越高越好。超过上述范围过大（高度太低，面积又较大）则应放弃或另外考虑。对不规则多边形厅堂，一般应找专业技术人员进行现场评估，认真做环境及声学方面的设计。

3. 舞台

考虑到多功能厅应具备小型演出的功能及开会主席台的布置，舞台是一个必需要考虑的设施。舞台的形式多种多样，有传统的镜框式、灵活的地台式，有设在中央的高台式，也有T形式，但一般作为会议、演出等，还是倾向于传统的镜框式。这对会议、影视播放等较为有利。总之，要通过设计元素、用料和规模来体现公司的实力感、文化感。

多功能厅手绘表现效果图如图2-29～图2-34所示。

图2-29　办公空间多功能厅一点透视手绘表现图　（刘锋　作）

图2-30 办公空间多功能厅两点透视手绘表现图 （刘锋 作）

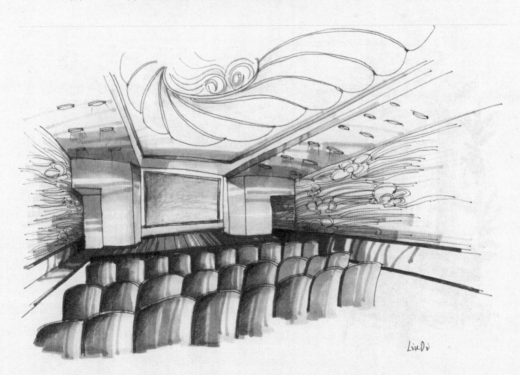

图2-31 办公空间多功能厅微角透视手绘表现图 （刘迪 作）

图2-32 办公空间多功能厅两点透视手绘表现图 （刘迪 作）

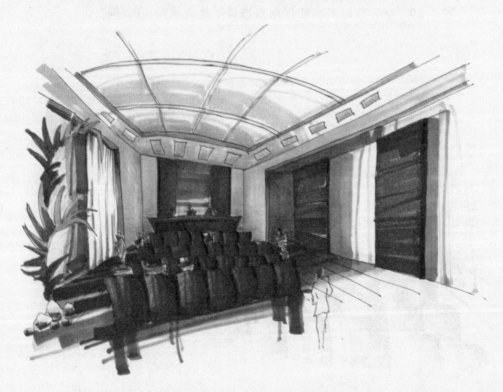

图2-33 办公空间多功能厅微角透视手绘表现图 （刘迪 作）

图2-34 办公空间多功能厅微角透视手绘表现图 （刘夏阳 作）

习题

1. 绘制一幅一点透视多功能厅表现效果图。
2. 绘制一幅两点透视多功能厅表现效果图。
3. 绘制一幅微角透视多功能厅表现效果图。

第五节 接 待 厅 设 计

一、接待厅的类型特点

接待厅是企业对外交往的窗口。接待厅的数量、规格要根据企业公共关系活动的实际情况而定，布置要干净、美观、大方，可摆放一些企业标志物和绿色植物及鲜花，强调大方与简洁。同时，不能忽视一个重要因素，即视觉心理，颜色搭配应采用清新、明快的色彩元素，并且在装饰的线条处理上要简洁而富有条理，以体现企业形象和烘托室内气氛。在满足功能需要的前提下，其装饰美感与行业风格特征等元素在装饰中应得到体现。

二、接待厅的功能布局

现代办公空间的主流风格应是整洁、明亮，庄重典雅，融合大气。设计手

法在多样化的前提下，强调的应是严谨、精致，并结合不同的行业特征，做出一些特色处理，充分体现其企业精神，使客人在初次进入该公司的时候，就能充分体会到公司的行业优势和严谨的经营理念，体现公司的规模和实力。办公家具布置要合理，符合人体工程学，从而提高工作人员的工作效率和创造良好的办公气氛。其中良好的灯光和色彩搭配会正面影响工作人员的心情，使人减少疲劳，营造良好的办公气氛，美化办公空间。

接待厅手绘表现效果图如图2-35～图2-46所示。

图2-35　办公空间接待厅微角透视手绘表现图　（李征　作）

图2-36　办公空间接待厅一点透视手绘表现图　（张柏宁　作）

图2-37　办公空间接待厅一点透视手绘表现图　（王树清　作）

图2-38　办公空间接待厅微角透视手绘表现图　（王树清　作）

图2-39　办公空间接待厅一点透视手绘表现图　（刘迪　作）

图2-40　办公空间接待厅一点透视手绘表现图　（刘迪　作）

图2-41 办公空间接待厅两点透视手绘表现图 （尤慧颖 作）

图2-42 办公空间接待厅两点透视手绘表现图 （张卓 作）

图2-43 办公空间接待厅两点透视手绘表现图 （吴永刚 作）

图2-44 办公空间接待厅两点透视手绘表现图 （董齐飞 作）

图2-45 办公空间接待厅一点透视手绘表现图 （张远 作）

图2-46 办公空间接待厅微角透视手绘表现图 （罗仁皓 作）

习题

1. 绘制一幅一点透视接待厅表现效果图。
2. 绘制一幅两点透视接待厅表现效果图。
3. 绘制一幅微角透视接待厅表现效果图。

第三章　酒店空间手绘效果图表现技法

学习目标：

1. 围绕必须掌握的知识点，结合具体工具，并在技法的表现技巧上，完成酒店空间手绘设计效果，从而拓展知识面，培养精湛的手绘表现能力。

2. 通过对酒店空间功能的学习，比较全面地认识和了解酒店空间手绘表现效果图的相关知识，培养空间思维能力，掌握作为设计人员必须具备的关键技能，以便服务于专业。

3. 明确酒店空间手绘效果图绘制的基本要求，了解各种不同风格的酒店空间的形成，为今后的提高打下扎实的专业基础。

学习重点：

1. 理解酒店空间布局造型的技巧，掌握快速绘制酒店空间效果图的方法步骤。

2. 掌握表现材料质感与装饰配景的手法，充分营造酒店空间的环境气氛。

要求：

1. 绘制时构图完整，造型生动。

2. 熟练运用制图规范，布置均衡、整洁，线条流畅。

3. 满足主要造型使用功能，注意比例关系、质感表现。

4. 图面色调明确，色彩搭配整体、和谐。

5. 熟练、生动应用马克笔、彩色铅笔表现技法。

第一节　大 堂 设 计

一、酒店大堂的类型特点

设计酒店大堂时的定位要有强烈的经济气息以及功能鲜明的环境氛围。比如旅游胜地的度假型酒店，在设计上主要是针对不同层次的旅游者，为其提供品质卓越的休息、餐饮和借以消除疲劳的健身娱乐的现代生活场所。此类酒店装饰表现完全是满足这类客人的需求而考虑的，是休闲、放松、调节压力的场所。商务酒店一般应具有良好的通信条件，具备大型会议厅和宴会厅，以满足客人签约、会议、社交、宴请等商务需要。经济型酒店基本以客房为主，没有过多的公共经营区。必备的公共区域如大堂的装饰也不宜太奢华，应给人以大方、实用、美观的感觉。

二、酒店大堂的功能布局

1. 满足功能要求

大堂设计的目的，就是为了便于各项对客服务的开展，满足其实用功能，同时又让客人得到心理上的满足，继而获得精神上的愉悦。通常，应考虑的功能性内容包括：大堂空间关系的布局；大堂环境的比例尺度；大堂内所设服务场所(如总台、行李房、大堂吧等)的家具及陈设布置、设备安排；大堂采光；大堂照明；大堂绿化；大堂色彩；大堂材质效果(注重环保因素)；大堂整体氛围等。

2. 充分利用空间

酒店大堂的空间就其功能来说，可作为酒店前厅部各主要机构(如礼宾、行李、接待、问讯、前台收银、商务中心等)的工作场所，为大堂空间的充分利用及其氛围的营造，提供了良好的客观条件。

3. 注重整体感的形成

酒店大堂被分隔的各个空间，应满足各自不同的使用功能。设计时，应遵循"多样而有机统一"的要求，注重整体感的形成。

母题法：即在酒店大堂空间造型中，以一个主要的形式有规律地重复再现而构成一个完整的形式体系。母题的重现形成了建筑空间的主旋律，并渗透到各个大小空间中，整体感十分强烈。

主从法：构成大堂空间造型的要素有体重，如大小、轻重、厚薄等；材质，如软硬、粗细、光泽度、透明度等；形，如曲直、方圆等；色，如对比、调和等；光，如明暗、虚实等。这些要素在设计时应有主有从，主次分明，而不应面面俱到、平均使用。

重点法：突出大堂内重点要素，不失为形成大堂空间整体感的有效途径。

色调法：即以构成空间的基本色调，来统一空间的造型，但它应和一定的气氛相联系，如热烈的、温暖的、柔和的、庄重的、活泼的、清淡的或轻松的等。

4. 力求形成自己的风格与特色

设计酒店大堂时除理性分析外，还应借助于形象思维。抓住酒店建筑结构及大堂空间特点等因素，来确定酒店大堂的设计主题，并以现代技术将其表现出来。大堂实体形态的创造应由点、线、面、体等基本要素构成。在大堂空间的实体中，主要表现为客观存在的限定要素，如地面、墙面、顶棚等，而这些界面的形状、比例、尺度和样式的变化，造就了大堂的功能和风格，使其呈现出特定的氛围。

三、酒店大堂空间环境气氛的营造

优秀的设计需要通过材质、色彩和造型的组合运用，来体现空间环境气氛。在设计时应充分考虑酒店的地域性、文化性，注重时尚与创新，融入酒店的精神取向和文化品位。要注意利用一切建筑或装饰的手段，创造一个亲切、宜人、欢悦、静谧、有文化气韵、有现代气息、主题突出、功能合理、流线组织高效、人群集散便捷的空间。在以客人为中心的经营理念下，酒店大堂设计应注重给客人带来美的享受，创造出宽敞、华丽、轻松的气氛。

酒店大堂手绘表现效果图如图3-1～图3-16所示。

图3-1　酒店空间大堂两点透视手绘表现图　（李征　作）

图3-2 酒店空间大堂微角透视手绘表现图 （张柏宁 作）

图3-3 酒店空间大堂两点透视手绘表现图 （王树清 作）

图3-4 酒店空间大堂微角透视手绘表现图 （刘迪 作）

图3-5 酒店空间大堂两点透视手绘表现图 （刘迪 作）

图3-6　酒店空间大堂一点透视手绘表现图　（刘迪　作）

图3-7　酒店空间大堂微角透视手绘表现图　（刘夏阳　作）

图3-8　酒店空间大堂微角透视手绘表现图　（刘夏阳　作）

图3-9　酒店空间大堂一点透视手绘表现图　（陈琦　作）

图3-10　酒店空间大堂微角透视手绘表现图　（张云云　作）

图3-11　酒店空间大堂两点透视手绘表现图　（张云云　作）

图3-12 酒店空间大堂微角透视手绘表现图 （张远 作）

图3-13 酒店空间大堂微角透视手绘表现图 （王丽芳 作）

图3-14　酒店空间大堂两点手绘表现图　（董齐飞　作）

图3-15　酒店空间大堂两点透视手绘表现图　（胡继军　作）

图3-16 酒店空间大堂微角透视手绘表现图 （杨育莉 作）

习题

1. 绘制一幅一点透视酒店大堂表现效果图。
2. 绘制一幅两点透视酒店大堂表现效果图。
3. 绘制一幅微角透视酒店大堂表现效果图。

第二节 餐厅设计

一、餐厅的类型特点

根据餐饮空间的经营内容，餐厅类型分为中式餐厅、西式餐厅、宴会厅、快餐厅、风味厅、酒吧与咖啡厅、茶室。根据餐饮空间的经营性质，餐厅类型分为营业性餐饮空间与非营业性餐饮空间。根据餐饮空间的规模大小，餐厅类型分为小型、中型、大型。根据餐饮空间的布置，餐厅类型分为独立式的单层空间、独立式的多层空间、附属于多层或高层建筑、附属于高层建筑的群房部分。

二、餐厅的功能布局

餐厅设计要求简单、便捷、卫生、舒适。装饰风格与家具、陈设及色彩协调。桌布、窗帘、家具的色彩要合理搭配。灯光也是调节色彩的有效手段，如用橙色白炽灯，经反光罩以柔和的光线映照室内，形成橙黄色环境，就会消除冷落感。另外，挂上一幅画，摆上几盆花，也都会起到调色开胃的作用。地面采用耐污、耐磨、易清洁的材料。创造宜人的空间尺度、舒适的通风和采光等物理环境。

三、餐厅空间环境气氛的营造

　　餐厅里的光线除了自然光外，人工光源的设计也很重要，光线既要明亮，又要柔和。餐厅色彩宜以明朗轻快的色调为主，最适合用的是橙色系列的颜色，它能给人以温馨感，刺激食欲。整体色彩搭配时，地面色调宜深，墙面可用中间色调，天花板色调则浅，以增加稳重感。进行装饰时，运用科学技术及文化艺术手段，创造出功能合理，舒适美观，符合人的生理、心理要求的空间环境。地面一般应选择大理石、花岗岩、瓷砖等表面光洁、易清洁的材料。墙面在齐腰位置要考虑用些耐碰撞、耐磨损的材料，如选择一些木饰、墙砖做局部装饰、护墙处理。顶面宜以素雅、洁净材料做装饰，有时可适当降低顶面高度，以给人以亲切感。　餐厅墙面的装饰要依据餐厅整体进行设计，要考虑到餐厅的实用功能和美化效果，并且要注意营造一种温馨祥和的气氛。

　　餐厅设计手绘表现效果图如图3-17～图3-36所示。

图3-17　酒店空间餐厅一点透视手绘表现图　（李征　作）

图3-18 酒店空间餐厅一点透视手绘表现图 （李征 作）

图3-19 酒店空间餐厅微角透视手绘表现图 （张柏宁 作）

餐厅包房设计
刘迪 06.11.06.

图3-20 酒店空间餐厅两点透视手绘表现图 （刘迪 作）

2005.11.06.刘迪

图3-21 酒店空间餐厅一点透视手绘表现图 （刘迪 作）

图3-22 酒店空间餐厅两点透视手绘表现图 （刘夏阳 作）

图3-23 酒店空间餐厅微角透视手绘表现图 （刘夏阳 作）

图3-24　酒店空间餐厅一点透视手绘表现图　（刘夏阳　作）

图3-25　酒店空间餐厅微角透视手绘表现图　（乔亮　作）

图3-26 酒店空间餐厅两点透视手绘表现图 （乔亮 作）

图3-27 酒店空间餐厅两点透视手绘表现图 （乔亮 作）

图3-28　酒店空间餐厅一点透视手绘表现图　（黄庆涛　作）

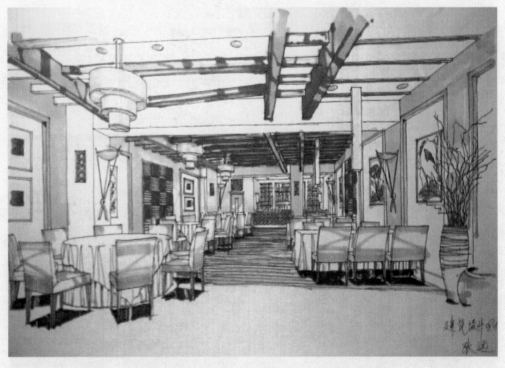

图3-29　酒店空间餐厅一点透视手绘表现图　（张远　作）

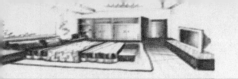

图3-30　酒店空间餐厅一点透视手绘表现图　（张远　作）

图3-31　酒店空间餐厅一点透视手绘表现图　（马彦红　作）

图3-32 酒店空间餐厅两点透视手绘表现图 （马彦红 作）

图3-33 酒店空间餐厅两点透视手绘表现图 （马彦红 作）

图3-34 酒店空间餐厅微角透视手绘表现图 （张云云 作）

图3-35 酒店空间餐厅一点透视手绘表现图 （张云云 作）

图3-36 酒店空间餐厅两点透视手绘表现图 （吴永刚 作）

习题

1. 绘制一幅一点透视餐厅表现效果图。
2. 绘制一幅两点透视餐厅表现效果图。
3. 绘制一幅微角透视餐厅表现效果图。

第三节 客 房 设 计

一、客房的类型特点

(1)单间客房：单人间/双人间/标准间。

(2)套间：双套间/三套间；多套间/立体套间；组合套间/总统套间。

(3)经济房等客房。

二、客房的功能布局

标准客房的区域功能：客人在客房中生活有睡眠、盥洗、起居、书写、饮

食、储存的需要，相应地客房应具备满足上述需要的功能。

睡眠空间——客房是基本的空间，主要的家具是床。

盥洗空间——客房的卫生间是客人的盥洗空间，主要配备浴缸、坐便器、洗脸盆等设备。

起居空间——在客房的窗前区，主要配备坐椅或沙发、茶几，兼有供客人饮食、休息、会客的功能。

书写空间——在床的对面，沿墙设置一长形多功能柜桌，也兼作梳妆台。

储存空间——设置在房门进出过道侧面的壁橱，通常备有衣架、棉被、鞋篮。

三、客房空间环境气氛的营造

客房空间环境应造型优美，统一配套，做到风格统一、式样统一、色调统一；注意与周围环境相协调；数量得当，使用方便；适合宾客的身份、特点及生活习惯。具体来讲，装饰风格一般可以分为以下类别：现代简约风格、传统风格、欧式风格、中国古典风格、地中海风格、后现代风格、现代风格、古埃及风格、古罗马风格、哥特式风格、混合型风格、日本传统风格、希腊古典风格、新古典主义风格、乡土风格、伊斯兰风格、意大利风格、自然风格等。

客房手绘表现效果图如图3-37～图3-48所示。

图3-37 酒店空间客房微角透视手绘表现图 （张柏宁 作）

图3-38　酒店空间客房微角透视手绘表现图　（李征　作）

图3-39　酒店空间客房一点透视手绘表现图　（刘迪　作）

图3-40　酒店空间客房一点透视手绘表现图　（刘迪　作）

图3-41　酒店空间客房一点透视手绘表现图　（刘迪　作）

图3-42　酒店空间客房一点透视手绘表现图　（刘迪　作）

图3-43　酒店空间客房两点透视手绘表现图　（王树清　作）

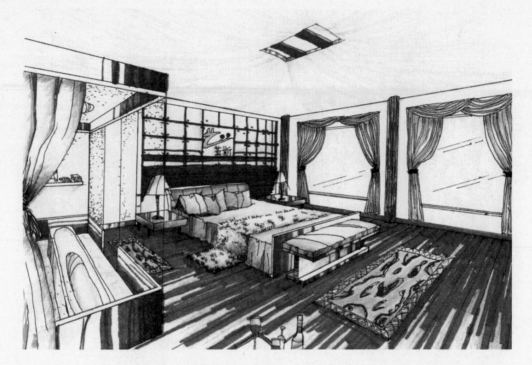

图3-44 酒店空间客房两点透视手绘表现图 （刘夏阳 作）

图3-45 酒店空间客房微角透视手绘表现图 （杨育莉 作）

图3-46 酒店空间客房微角透视手绘表现图 （郅新礼 作）

图3-47 酒店空间客房微角透视手绘表现图（李静 作）

图3-48 酒店空间客房两点透视手绘表现图（杨莹娜 作）

习题

1. 绘制一幅一点透视客房表现效果图。
2. 绘制一幅两点透视客房表现效果图。
3. 绘制一幅微角透视客房表现效果图。

第四节 景观花园设计

一、景观花园的功能布局

景观花园要突出绿色、生态、人文气息，一般采用回归自然的造园手法突出景观主题，追求简洁的、自然美的现代景观设计理念，将园林景观纳入整体环境中，全面规划，合理布局，形成点、线、面相结合，自成系统的绿化景观格局。

1. 主景与配景

各种艺术创作中，应首先确定主题、副题，重点、一般，主角、配角，主

景、配景等关系。园林布局应首先确定主景，考虑主要的艺术形象，通过次要景物的陪衬、烘托，使主景效果得到加强。

2．对比与调和

园林设计布局中，调和的手法主要通过布局形式、造园材料等方面的统一、协调来表现。对比手法主要应用于空间对比、疏密对比、虚实对比、藏露对比、高低对比、曲直对比等。

3．节奏与韵律

在园林布局中，同样的景物重复出现，从而体现节奏与韵律。韵律可分为连续韵律、渐变韵律、交错韵律、起伏韵律等处理方法。

4．均衡与稳定

在园林布局中对称的均衡为静态均衡，一般在主轴两边景物以相等的距离、体量、形态组成均衡与稳定。拟对称均衡，是指主轴不在中线上，两边的景物在形体、大小、与主轴的距离等都不相等，但两边景物又处于动态的均衡之中。

5．尺度与比例

任何物体，不论任何形状，必有三个方向，即长、宽、高的度量。比例就是三者之间的关系。任何园林景观，都要研究双重的三个关系，一是景物本身的三维空间；二是整体与局部。园林中的尺度可分为可变尺度和不可变尺度两种。不可变尺度是按一般人体的常规尺寸确定的尺度。可变尺度如建筑形体、雕像的大小、桥景的幅度等都要依具体情况而定。园林中常应用的是夸张尺度，往往将景物放大或缩小，以达到造园造景效果的需要。

二、景观花园环境气氛的营造

（1）加强景点之间的有机联系，以道路和主要水系为主线，形成明显的景观序列，贯穿整个设计。其中的每个景点相互呼应、相互衬托，同时又各具特色，相辅相成、相得益彰，使整个景观形成一个有机的整体。

（2）运用简约的构图手法，主要以植物造景、水景为主，同时充分利用声音、色彩、质感等景观要素，营造丰富多彩的景观特色。搭配适量的流畅园路、体现休闲功能的木质坐凳等，提供休闲散步的地方，使人在闲暇之余养目蓄神、绿林醉心。

（3）在整个绿化环境设计中，根据各区域的不同位置及使用功能的差异，在植物选择上也应有侧重，形成立体感强、层次丰富的植物组景，给人视觉上以轻松和愉悦的感觉。力求景观在统一、和谐的基础上有丰富的对比与变化，营造景观的环境气氛。

（4）通过自然的曲线型路面和几何规矩形式的并置、冲突、融合等方式引发想象力和创造力，创造出一个适合大众活动、交流的空间。弯曲的流线型道路给人以流动、悠闲之感，蜿蜒的小道如一轴画卷展示给闲步者，而直线道路则是两点的最近距离，象征高效、迅捷的工作节奏。

景观花园手绘表现效果图如图3-49～图3-56所示。

图3-49 景观花园手绘表现图 （李应许 作）

图3-50 景观花园手绘表现图 （李应许 作）

图3-51 景观花园手绘表现图 （李应许 作）

图3-52 景观花园手绘表现图 （刘迪 作）

图3-53 景观花园手绘表现图 （吴永刚 作）

图3-54 景观花园手绘表现图 （张远 作）

图3-55 景观花园手绘表现图（王路佳 作）

图3-56 景观花园手绘表现图（董齐飞 作）

习题

1. 绘制一幅以植物造景为主的花园表现效果图。
2. 绘制一幅以水景为主的酒店花园表现效果图。

第五节 建筑外观设计

一、建筑外观的功能布局

单体建筑的创作应当与周边环境融合，并反映自身建筑的个性。注重功能的合理，具有通用性、开放性、综合性、灵活性，真正体现"以人为本"的设计思想。注重内外空间的交流渗透，创造不同层次的空间。同时强调地域性、文化性，造型典雅、大气、富有理性，反映一定文化精神。从整体风格出发，使外部空间成为建筑空间的延伸，园林融入建筑中，使人犹在室外园景中，随时可以享受绿化生态环境。

1. 功能分区

严格强调功能分区，要使各功能区域之间相互交融、渗透，运用"以人为本"的理念。

2. 特色

传承文化、地域特色，反映人文精神和特色的环境。

3. 生态环境

结合自然和充分利用自然条件，保护和构建生态系统；创造生态化、园林化的环境。

二、建筑外观环境气氛的营造

美观性设施如街道绿化、花坛、水池、喷泉、雕塑、广告牌、霓红灯、道路铺装，它们具有在公共空间中展现艺术构思、文化理念和信息以及美化环境方面的作用。花坛、水池大多可与座椅结合，既清洁美观，又提高了供坐能力，从而让人的心理更健康、情感更丰富、人性更加完善，达到人物和谐，以人为中心和尺度，满足人的生理和心理需要、物质和精神需要，营造舒适的空间，使人们享受空间的使用趣味和快感，让人性得以充分的释放与满足。

建筑外观手绘表现效果图如图3-57～图3-65所示。

图3-57 建筑外观手绘表现图 （刘迪 作）

图3-58 建筑外观手绘表现图 （刘迪 作）

图3-59 建筑外观手绘表现图 （刘迪 作）

图3-60 建筑外观手绘表现图 （刘迪 作）

图3-61　建筑外观手绘表现图　（王树清　作）

图3-62　建筑外观手绘表现图　（董齐飞　作）

图3-63　建筑外观手绘表现图（张远　作）

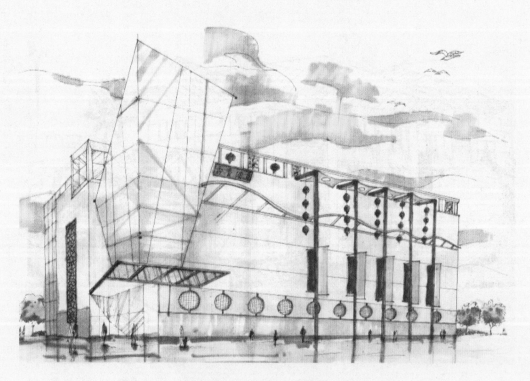

图3-64　酒店建筑外观手绘表现图（张远　作）

图3-65 酒店建筑外观手绘表现图（王路佳 作）

习题

1. 绘制一幅单体建筑外观表现效果图。
2. 绘制一幅园林融入建筑表现效果图。

第四章　商业空间手绘效果图表现技法

学习目标：

1. 认识手绘表现技法在专业学习中的重要性，使学生在理论上比较全面地了解商业空间表现的相关知识，掌握正确的学习方法。

2. 灵活运用构图、透视、着色的技巧，快捷、直观地绘制出商业空间的表现效果。

3. 提升设计能力和动手能力，加强设计表达能力，开阔设计思维，为将来的职业岗位能力奠定良好的基础。

学习重点：

1. 理解商业空间设计构图布局的技巧，掌握快捷的绘制方法和步骤。

2. 掌握商业空间的材料质感与装饰配景表现，充分营造其环境气氛。

要求：

1. 画面布局合理，能满足主要使用功能。

2. 画面比例应用恰当，制图规范，布局均衡。

3. 画面整洁，通过线条和色彩等要素把商业空间环境气氛绘制出来。

4. 多分析画面整体创作构思与创意安排。

5. 把握真实性、科学性、艺术性的原则，完美地表现商业空间环境的美感。

第一节　店面橱窗设计

一、店面橱窗的功能布局

店面设计是一个系统工程，包括店面招牌、路口小招牌、橱窗、遮阳篷、大门、灯光照明、墙面的材料与颜色等方面的设计。各个方面的设计要相互协调，统一筹划，才能体现整体风格。

（1）通过品牌名称、标志、标准字、标准颜色等视觉要素在各种视觉载体上的应用，对各种载体进行创意设计，把品牌理念以视觉方式传达给消费者。

（2）设计要大气且实用，如鹤立鸡群，极具视觉冲击力、品牌传播力和销售促进力，整体风格统一。

（3）以别出心裁的设计吸引顾客，切忌平面化，努力追求动感和文化艺术色彩。

（4）通过一些生活化场景使顾客感到亲切自然，进而产生共鸣，使顾客过目不忘。

二、店面橱窗环境气氛的营造

店面形象是最为吸引眼球的整体，而门头形象又起着画龙点睛的作用。为确保视觉冲击力，达到统一和最佳的品牌形象传播效果，要求在对店铺和周围的情况深入了解和分析后，充分发挥所长，依势灵妙设计，使之大气、舒服、夺目，与周围环境相融合又神采奕奕地跳出，而非生搬硬套。

店面橱窗手绘表现效果图如图4-1～图4-7所示。

图4-1　公交车站手绘表现图　（刘迪　作）

图4-2 店面橱窗手绘表现图 （刘迪 作）

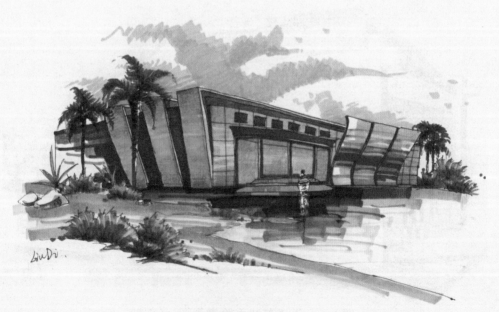

图4-3 店面橱窗手绘表现图 （刘迪 作）

图4-4　店面橱窗手绘表现图　（李征　作）

图4-5　店面橱窗手绘表现图　（黄庆涛　作）

图4-6 店面橱窗手绘表现图 （黄庆涛 作）

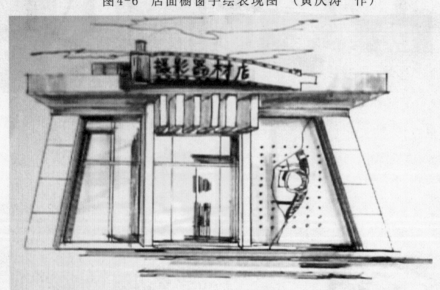

图4-7 店面橱窗手绘表现图 （黄庆涛 作）

习题

1. 绘制一幅专卖店面橱窗表现效果图。
2. 绘制一幅售楼处橱窗表现效果图。

第二节 店 内 设 计

一、店内设计的功能布局

店内设计要形成并严格贯彻本品牌的店铺装饰风格，整体布局要求曲折有致、自然流畅，产品摆放形式和数量更需合情合理，切莫过分凌乱、稀落或拥挤。首先，要形成自己独有的品牌风格，更好地展示品牌形象，促进产品销售。创意是形成本品牌独特店铺风格的关键，同时，这个创意必须围绕着本品牌的核心价值、品牌个性、品牌形象等来展开思考和创新。不论此创意是放在店门入口处，还是放在店内中心位置或者是店内一角，都要求大气、夺目，让顾客得到启发、享受和震撼。除此之外，店内设计整体要协调，可由众多小创意组织而成，并与大创意融为一体，最终形成整间店的独特风格，能明显区分其它品牌专卖店的同时，又极具亲和力，容纳万千。产品摆放形式和数量要讲究合情合理，一方面要展示产品，另一方面要有利于促进销售，还要有利于品牌形象的展示与传播，摆放方式可创新，变幻多样。

二、店内设计的环境气氛营造

店内设计十分讲究,应以点、线、面为主,简洁明快而又符合潮流。通过组合三个元素,利用高档的材质表现,最大限度地展示商品的内涵。在布置时,要考虑多种相关因素,诸如空间的大小、种类的多少、商品的样式和功能、灯光的排列和亮度、通道的宽窄、收银台的位置和规模等。另外,店面的布置最好留有依季节变化而进行调整的余地,使顾客不断产生新鲜和新奇的感觉,激发他们不断来消费的愿望。

店内设计手绘表现效果图如图4-8～图4-20所示。

图4-8 店内设计手绘表现图 （张柏宁 作）

图4-9　店内设计手绘表现图 （刘迪　作）

图4-10　店内设计手绘表现图 （李征　作）

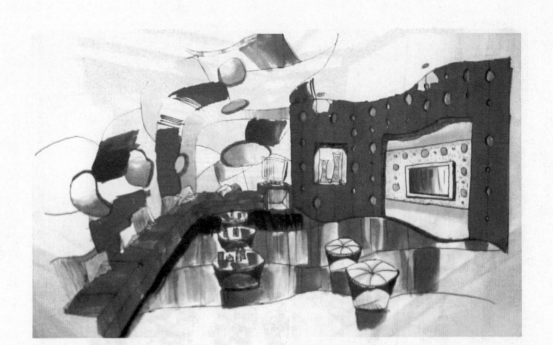

图4-11 店内设计手绘表现图 （李琳 作）

图4-12 店内设计手绘表现图 （李健 作）

图4-13 店内设计手绘表现图 （黄庆涛 作）

图4-14 店内设计手绘表现图 （张卓 作）

图4-15 店内设计手绘表现图 （张卓 作）

图4-16 店内设计手绘表现图 （吴永刚 作）

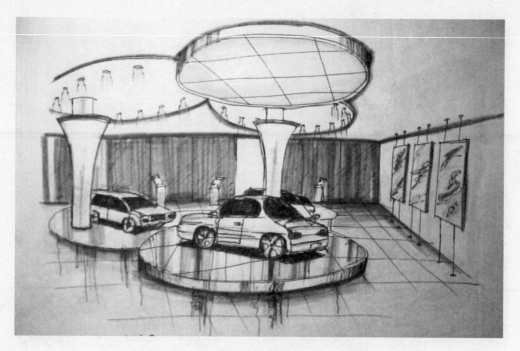

图4-17 店内设计手绘表现图 （胡继军 作）

图4-18 店内设计手绘表现图 （李静 作）

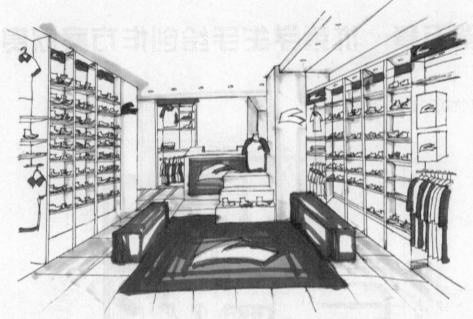

图4-19 店内设计手绘表现图 （白培哲 作）

图4-20 店内设计手绘表现图 （董齐飞 作）

习题

1. 绘制一幅专卖店店内设计表现效果图。
2. 绘制一幅售楼处店内设计表现效果图。

第五章 优秀学生手绘创作方案欣赏

◎ 装饰05221 张扬

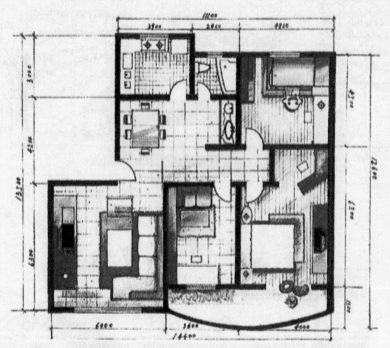

图5-1 居住空间平面手绘表现图

图5-2 现代风格客厅手绘表现图

图5-3　现代风格餐厅手绘表现图

图5-4　现代风格书房手绘表现图

图5-5　现代风格卧室手绘表现图

图5-6　现代风格儿童房手绘表现图

◎装饰06221　齐文玉

图5-7　中式风格餐厅前台手绘表现图

图5-8　中式风格餐厅大堂手绘表现图

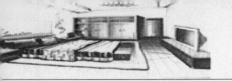

图5-9 中式风格餐厅包房手绘表现图

图5-10 中式风格餐厅包房手绘表现图

◎装饰06222　姜慧峰

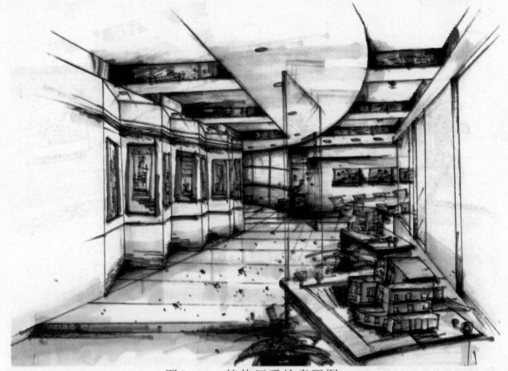

图5-11　接待厅手绘表现图

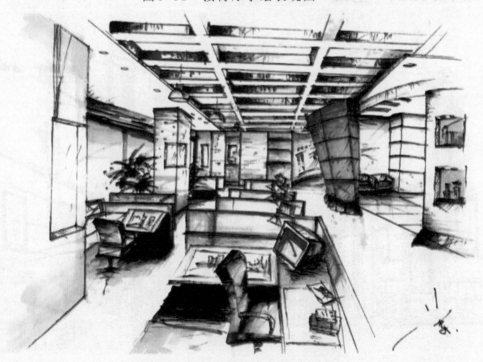

图5-12　开敞办公室手绘表现图

图5-13　会议室手绘表现图

◎装饰08221　毛灿

图5-14　酒店大堂手绘表现图

图5-15　酒店餐厅手绘表现图

图5-16　酒店客房手绘表现图

图5-17　酒店餐饮包房手绘表现图

图5-18　酒店KTV包房手绘表现图

◎装饰09221　唐千惠

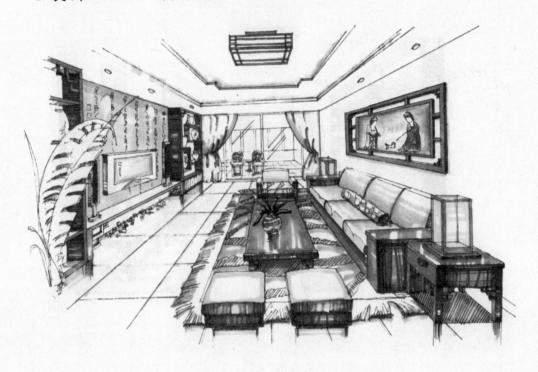

图5-19　中式风格客厅手绘表现图

图5-20　中式风格餐厅手绘表现图

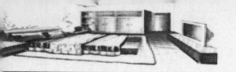

图5-21　中式风格书房手绘表现图

图5-22　中式风格卧室手绘表现图

图5-23 中式风格儿童房手绘表现图

图5-24 中式风格卫生间手绘表现图

◎设计09221　王向果

图5-25　居住空间平面手绘表现图

图5-26　现代风格客厅手绘表现图

图5-27　现代风格餐厅手绘表现图

图5-28　现代风格卫生间手绘表现图

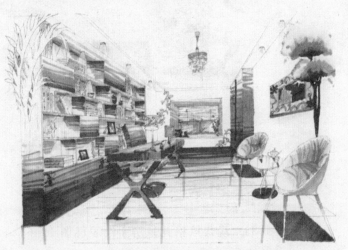

图5-29　现代风格书房手绘表现图

图5-30　现代风格卧室手绘表现图

图5-31　现代风格儿童房手绘表现图

◎ 设计09221　赵婷

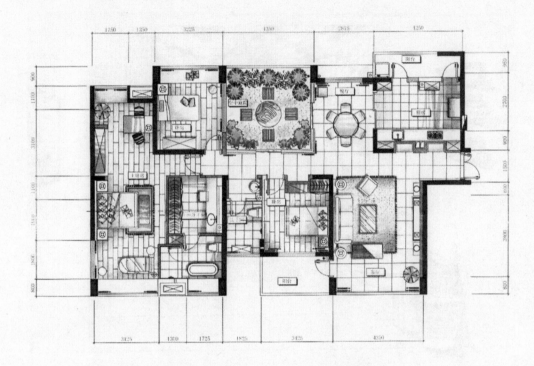

图5-32　居住空间平面手绘表现图

图5-33　客餐厅手绘表现图

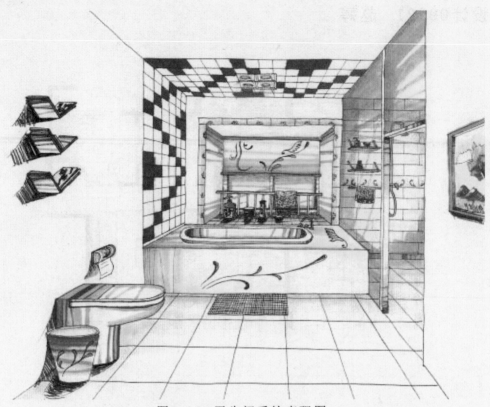

图5-34 卫生间手绘表现图

图5-35 餐厅手绘表现图

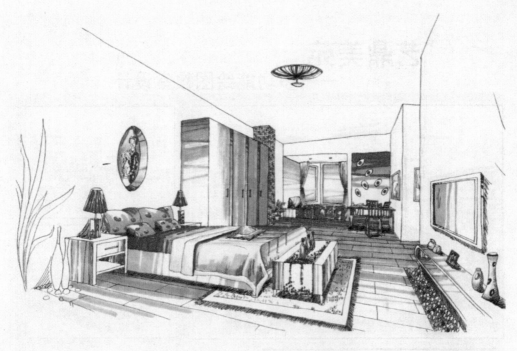

图5-36　卧室手绘表现图

图5-37　儿童房手绘表现图

◎设计1001　刘锋、秦曼曼

2012 艺鼎美苑
——多功能绘图教室设计

设计说明

　　本方案为一多功能绘图教师室，其设计宗旨为"多功能且兼具美观与实用性"。

　　该多功能绘图教室配备有电脑，液晶投影仪，实物展台，各种仪器静物陈列柜，书柜等，在网络教室与实践操作中得以充分体现，而且本教室有两个分区：教学区与洽谈区，洽谈区为校企合作的功能分区，以洽谈业务为主。

作者：刘锋 秦曼曼

指导老师：刘迪

河南工业职业技术学院

图5-38　多功能绘图教案

◎设计1002 李征

图5-39 酒店空间设计方案

◎设计1002 李征、孟佳佳

图5-40 家居空间设计方案

◎ 设计1002　张柏宁

图5-41 酒店建筑空间设计方案

参 考 文 献

[1] 文健，周启凤，胡娉. 手绘效果图表现技法[M]. 北京：清华大学出版社，2005.

[2] 杨健. 家居空间设计与快速表现[M]. 沈阳：辽宁科学技术出版社，2006.

[3] 孙佳成. 空间创意徒手表现[M]. 北京：中国建筑工业出版社，2005.

[4] 季翔，陈志东. 建筑装饰表现技法[M]. 北京：中国建筑工业出版社，2005.

[5] 俞雄伟. 室内效果图表现技法[M]. 北京：中国美术学院出版社，2001.

[6] 么冰儒. 室内外设计快速表现[M]. 上海：科学技术出版社，2004.

[7] 符宗荣. 室内设计表现图技法[M]. 北京：中国建筑工业出版社，2004.

[8] 王捷. 手绘效果图表现技法[M]. 上海：科学技术文献出版社，2004.

[9] 李强. 手绘表现图[M]. 天津：天津大学出版社，2005.

[10] 彭士君. 建筑装饰表现图技法[M]. 北京：科学出版社，2006.

[11] 刘铁军，杨冬江，林洋. 表现技法[M]. 北京：中国建筑工业出版社，2006.

[12] 韩燕，王珂. 室内外环境设计与快速表现[M]. 山东：科学技术出版社，2007.

[13] 毛兵，薛晓雯. 建筑绘画表现[M]. 上海：同济大学出版社，2004.

[14] 唐殿民，崔云飞. 手绘效果图表现技法[M]. 上海：同济大学出版社，2010.

[15] 张汉平，种付彬，沙沛. 设计与表达——麦克笔效果图表现技法[M]. 北京：中
      国计划出版社，2004.

[16] 程子东，吕从娜，张玉民. 手绘效果图表现技法——项目教学与实训案例
      [M]. 北京：清华大学出版社，2010.

[17] 文健. 手绘效果图快速表现技法[M]. 北京：清华大学出版社，2008.

[18] 陈红卫. 手绘效果图典藏[M]. 北京：中国经济文化出版社，2003.

[19] 赵国斌. 室内设计手绘效果图表现技法[M]. 福州：福建美术出版社，2008.

[20] 陈红卫，寇贞卫. 室内空间[M]. 南昌：江西美术出版社，2003.

[21] 手绘100网http://hui100.com/.

[22] 绘世界手绘网http://www.Huisj.com.